甲虫カタチ観察図鑑

海野和男［写真と文］

草思社

目次

- はじめに — 4

カブトムシ — 5

押し合う、跳ね上げる角
- カブトムシ — 6

締め上げる角
- コーカサスオオカブト — 8
- アトラスオオカブト — 9

はさむ角
- ヒメカブト — 10

傷つけないための配慮?
- ネプチューンオオカブト — 12
- ヘラクレスオオカブト — 13

脚が武器
- ノコギリタテヅノカブト — 14

十字架型の胸の角は何に使うか?
- ピサロタテヅノカブト — 15

闘いを好まずに装飾に
- ゴホンヅノカブト — 16
- サンボンヅノカブト — 17

おとなしいカブト
- ゾウカブト — 18
- アクテオンゾウカブト — 19

いかにも強そうだが
- マルスゾウカブト — 19

立派な角は何のため
- オオツノメンガタカブト — 20

角で押し合う
- オオサイカブト — 21

オスとメスで性差がない
- コカブト — 22

コガネムシ — 23

アフリカ的模様
- ゴライアスオオツノハナムグリ — 24
- カタモンオオツノハナムグリ — 26
- サザナミオオツノハナムグリ — 26
- シラフオオツノハナムグリ — 27

最高の飛行家
- アオカナブン — 28

頭部のヘラ
- カナブン — 30
- シロテンハナムグリ — 31

角のあるハナムグリ
- カブトハナムグリ — 32

クワガタのようなコガネムシ
- クロスジオオクワガタコガネ — 33

幻の色
- アルゲンテオラキンイロコガネ — 34

色が違うだけ
- ドウガネブイブイ — 35

彫刻と鏡面仕上げ
- キンスジコガネ — 36
- ツヤコガネ — 37
- アシナガミドリツヤコガネ — 37

長い手は何のため
- マレーテナガコガネ — 38
- セラムドウナガテナガコガネ(クモテナガコガネ) — 39

美しい必要はあるのか
- ミイロツノニジダイコクコガネ — 40
- ランシフェールニジイロダイコクコガネ — 40
- ミドリツヤダイコクコガネ — 40

夜行性
- オウサマナンバンダイコクコガネ — 41
- セアカナンバンダイコクコガネ — 41

良くできた体のつくり
- ナカボシタマオシコガネ — 42

クワガタムシ — 43

メスを守るオオアゴ
- ノコギリクワガタ — 44

挟むための道具
- ミヤマクワガタ — 46

潜り込むための体
- オオクワガタ — 48
- グランディスオオクワガタ — 49
- アンタエウスオオクワガタ — 49
- アルキデスヒラタクワガタ — 50
- ヒラタクワガタ — 51

上から摑む
- スペクタビリスツヤクワガタ — 52
- フェモラリスツヤクワガタ(アカアシツヤクワガタ) — 52
- ブルマイスターツヤクワガタ — 54

Contents

釘抜き
- ガゼラツヤクワガタ — 55
- ゾンメルツヤクワガタ — 55

長大な大顎
- ギラファノコギリクワガタ — 56

胴より長い大顎
- エラフスホソアカクワガタ — 58
- メタリフェルホソアカクワガタ — 59

組んで揺さぶる
- パリーフタマタクワガタ — 60
- マンディブラリスフタマタクワガタ — 62
- ブケットフタマタクワガタ — 63

地理的変異
- オウゴンオニクワガタ(ローゼンベルグオウゴンオニクワガタ) — 64
- モーレンカンプオウゴンオニクワガタ — 65

威嚇音
- タランドゥスオオツヤクワガタ(アフリカクロツヤクワガタ) — 66

多目的な大顎
- チリクワガタ(コガシラクワガタ) — 67

傷つける道具
- パプアキンイロクワガタ — 68
- アウラタキンイロクワガタ — 69

光を捉える構造
- ニジイロクワガタ — 70

タマムシ・コメツキムシ — 71

構造色の不思議(日本のタマムシ)
- ヤマトタマムシ — 72
- アオタマムシ — 73

昼間飛ぶから美しい(アジアのタマムシ)
- ハビロタマムシ — 74
- キオビオオサマムカシタマムシ — 75
- シラホシフトタマムシ — 75

首を痛めない道具
- ミドリサビコメツキ — 76
- マダガスカルヒトツメコメツキ — 77

仲間を呼ぶ光
- ヒカリコメツキ — 78

ゾウムシ・オトシブミ・チョッキリ — 79

穴を開けるドリル
- コナラシギゾウムシ — 80
- タイショウオサゾウムシ — 82

闘う?
- オウサマミツギリゾウムシ — 83

葉を巻くための脚と闘うための首
- ナミオトシブミ — 84

オトシブミとチョッキリ
- モモチョッキリ — 86
- イタヤハマキチョッキリ — 86
- クチナガチョッキリ — 87
- サメハダチョッキリ — 87
- ドロハマキチョッキリ — 87

死んだ真似
- アシナガオニゾウムシ — 88

針も通さない鎧
- オオゾウムシ — 90
- マダラアシゾウムシ — 91
- リナストゥスタケゾウムシ — 92
- キボシアシナガゾウムシ — 93

長い脚は何のため
- テナガオサゾウムシ — 94
- テナガクモゾウムシ — 95

装飾的な鎧
- ホウセキゾウムシ — 96
- ショーエンヘルホウセキゾウムシ — 97

葉を食べる口
- ヒメシロコブゾウムシ — 98

ハムシ・カミキリムシ — 99

脚が武器
- モモブトオオルリハムシ — 100
- モモブトルリハムシ — 101

色と形
- アカガネサルハムシ — 102
- キンイロカメノコハムシ — 103

メスをにがさない囲い
- テナガカミキリ — 104

穴開け道具
- シロスジカミキリ — 106

長いオスの触角
- ウォーレスシロスジカミキリ(ウォーレスヒゲナガカミキリ) — 108

武器にもなる大顎
- ミヤマカミキリ — 110
- アカアシオオアオカミキリ — 111
- キマダラカミキリ(キマダラミヤマカミキリ) — 111

美しいカミキリムシ
- ゴマダラカミキリ — 112
- ハデオオシラホシカミキリ — 113

- アモエナハデツヤカミキリ ― 114
- エレガンスハデツヤカミキリ ― 115
- マレーハデツヤカミキリ ― 115
- ルリボシカミキリ ― 116
- ケリアシラホシカミキリ ― 116

クワガタのような大顎
- オオキバウスバカミキリ ― 118

オサムシ・テントウムシの仲間など ― 120

肉食の甲虫
- アオオサムシ ― 120
- オオルリオサムシ ― 120
- シナカブリモドキ ― 122
- イボカブリモドキ ― 122
- エゾマイマイカブリ ― 123
- アカヘリエンマゴミムシ ― 123

平たい体
- バイオリンムシ ― 124
- マルクビバイオリンムシ ― 125

捕らえる大顎
- アマミハンミョウ ― 126
- ハンミョウ ― 126
- コニワハンミョウ ― 126

腐肉食とキノコ食
- ヨツボシルリヒラタシデムシ ― 127
- オオキノコムシ ― 127

星の数
- ナナホシテントウ ― 128
- ナミテントウ ― 129
- トホシテントウ ― 129
- ヒメカメノコテントウ ― 129
- カメノコテントウ ― 129
- シロホシテントウ ― 129
- ジュウサンホシテントウ ― 129
- ジュウロクホシテントウ ― 129
- アイヌテントウ ― 129

- 学名索引 ― 130
- 種名索引 ― 131

はじめに

　甲虫を拡大撮影すると、素直に格好良いなと思う。合理的で精巧な体のカタチは甲虫が生きていくために必要なカタチである。カブトムシの角やクワガタムシの大顎は、喧嘩のための道具として進化したことがよく分かる。角や大顎の細部を見ていくと、カブトムシの角が相手の動きを封じ込めて取り押さえる武具のさすまたに似ていたり、アカアシツヤクワガタの短歯型の大顎はペンチのような形をしているが、実際に相手の脚を切るのに使われたりするのを観察してびっくりしたりする。

　甲虫のカタチの多くは、生存競争の中で培われてきたものだろう。甲虫は上翅が固くなり、腹部を完全に覆っているものがほとんどだ。いわば鎧を着ているようなものだが、その上翅も拡大してみると、細かい点刻が彫金のように刻まれているものもあり、美しい。その美しさを余すところなく捉えたいと撮影に臨んだ。小さな甲虫を隅々までピントを良く撮るには、ピントをずらしながら数枚から50枚ぐらい撮影し、コンピューターを使い合成する手法をとった。このような撮影方法と合成方法、高画質カメラの発展が一般化したことで、可能になった撮影である。

　カブトムシ、ミヤマクワガタ、ゾウムシ類の一部、カミキリムシやコメツキムシの一部など、あまり動かないものはできるだけ生きたものをそのまま撮影した。本当は全て生きているものでやりたかったが、なかなかじっとしていてくれないので、多くは標本を使用した。

　草思社の編集顧問木谷東男さんには大変お世話になった。デザイナーの西山克之さん、小林友利香さんには美しいデザインと写真の切り抜きなどで随分とご面倒をかけた。Mr. David & Joseph Goh、腰高直樹、富士雅章の各氏にもご協力頂いた。この場を借りて御礼申し上げたい。

カブトムシ

　カブトムシは甲虫目コガネムシ科、カブトムシ亜科の甲虫である。大型のカブトムシはアジアの熱帯地域と中南米の熱帯地域に多い。角のカタチは様々で、カタチにより、どんな闘い方をするかが興味深い。

ヒメカブト
カブトムシの角の先端はさす又のようだ。

日本のカブトムシの角。

押し合う、跳ね上げる角

カブトムシの立派な角はオスだけにある。カブトムシはオス同士が出会うと角を使って喧嘩をする。さす又のような角で相手を押し上げ、相手の動きを封じる。体の下に角が入れば、振り上げて投げ飛ばす。喧嘩で勝ったオスだけがメスと交尾ができる。角が立派な方が有利だからカブトムシの角はどんどん長くなった。

カブトムシ
Trypoxylus dichotomus

- 体　長：角を含めた全長オス40〜80mm　メス35〜55mm
- 生息地：日本、朝鮮半島、中国、インドシナ半島

カブトムシのメス
メスは毛深く、ごく小さな角しかない。腐食土や朽ち木に潜り込んで産卵するのに都合の良い形だ。

カブトムシの喧嘩
右側のカブトムシが角を相手の胸に押し当てて動きを封じている。前脚を折り曲げて、力が入っている。力を緩め、相手が体勢を立て直そうとした瞬間に角を振り上げ投げ飛ばすこともある。

コーカサスオオカブト
Chalcosoma chiron

- 体　長：角を含めた全長オス 50〜135mm
　　　　メス 50〜75mm
- 生息地：マレー半島、ジャワ島、スマトラ島、
　　　　インドシナ半島

締め上げる角

コーカサスオオカブトは戦車に戦国時代の兜をかぶせたような風貌で、闘うためにデザインされた甲虫と言ってもよいだろう。闘争心が非常に強く、2匹のオスを向かい合わせるだけで、延々と闘い続ける。胸の2本の角は大きく湾曲し、この角と頭の長い角で相手をはさみつけて、ぐいぐいと締め付ける。クワガタが相手の場合は、頭の角を振り上げて投げ飛ばすこともある。

アトラスオオカブト
Chalcosoma atlas

- 体　長：角を含めた全長
  オス40〜110mm
  メス40〜65mm
- 生息地：東はインドネシアのスラウェシ島、西は
  インド、北はフィリピンまで熱帯アジア
  のほぼ全域

アジアに広く分布するアトラスオオカブトはコーカサスオオカブトに近い種類だ。フィリピンのミンダナオ島アポ山のものは100mmを超えるが、他の地域では70〜80mmぐらいのものが多い。闘い方はコーカサスオオカブトと同様だが、ミンダナオ島のものをのぞけば闘争心はずっと弱い。コーカサスオオカブトと一緒に見られる地域ではコーカサスは高地に、アトラスは低地に住む。

ヒメカブト
Xylotrupes gideon

- 体　長：角を含めた全長オス30〜80mm
　　　　　メス30〜50mm
- 生息地：インド〜オーストラリアの熱帯地域全域

はさむ角

ヒメカブトはアジアからオーストラリアの熱帯地域に広く分布している。里から山までどこででも見られるのは日本のカブトムシと同様だ。小さいけれど、闘いを好む性質が強く、タイなどではヒメカブトを闘わせて賭けをするメンクアンという競技があるぐらいだ。胸の角と頭の角で相手をはさんで持ち上げるクワガタ的な闘い方をする。ニューギニアの東の島々に住むヒメカブトは胸の角が長く格好がよい。

ニューアイルランド島の村のヤシの木にとまる長い角を持つヒメカブトの亜種

昼間でもよく飛ぶ

傷つけないための配慮?

ネプチューンオオカブトはヘラクレスオオカブトに次いで大きなカブトムシだ。闘い方はまるでクワガタで、相手をはさんで投げ飛ばす。長く伸びた胸の角には内側に柔らかな毛がついている。この毛は相手を傷つけないための配慮と言われるが、はさんだときに滑らないようにする役目の方が大きそうだ。なぜなら頭の角には突起があり、相手を傷つけることもあるからだ。けれど、この毛のおかげで、体の表面に傷がついたネプチューンオオカブトは少ないことも事実だ。

ネプチューンオオカブト
Dynastes neptunus
- 体　長：角を含めた全長オス55〜160mm　メス50〜75mm
- 生息地：ベネズエラ、コロンビア、エクアドル、ペルー

ネプチューンオオカブトとよく似た体型の世界一大きなカブトムシだ。昼間はそれほど闘争心がないが、夜になると激しく闘う。オスの大きさには変異が多いが、相手をはさんで投げ飛ばす戦法なので、角の長い大型個体が圧倒的に有利である。けれど、特大の個体は闘争心が弱いようだ。140〜150mmぐらいの個体は体力気力ともに充実していて、闘う相手を求めて歩き回るほどだ。

ヘラクレスオオカブト
Dynastes hercules

- 体　　長：角を含めた全長オス50〜175mm
　　　　　　メス50〜75mm
- 生息地：メキシコ南部から南米中部

ノコギリタテヅノカブト
Golofa porteri
- 体　長：角を含めた全長オス50〜95mm　メス35〜55mm
- 生息地：ベネズエラ、コロンビア

脚が武器

標高1500mを超える高原に住み、竹に集まる変わったカブトムシ。細い竹のてっぺん付近に下向きにとまって、竹の新芽を傷つけて、汁を吸う。細い角は闘いにはあまり適していない。相手を角ではさむこともあるが、他のカブトムシのような力相撲にはならない。胸の角は力が入ると折れてしまうこともある。このカブトムシの武器は角よりも長い前脚である。前脚を振り回したり、相手の体を払って振り落としたりする。前脚の先は毛が生えていて、脚をかけた時に滑らないようになっている。

ノコギリタテヅノカブトの喧嘩。細い竹を器用に上り下りして前脚で相手を振り落とそうとする。

十字架型の胸の角は何に使うか?

スペイン人の征服者ピサロの名を冠したカブトムシだ。胸の角の先が十字架に似ているところから名付けられた。このカブトムシが闘う場面は見たことがないが、前脚がそれほど長くないので、頭の角と胸の角の間に相手をはさんで投げる戦法をとるものと思う。

ピサロタテヅノカブト
Golofa pizarro

- 体　　長：角を含めた全長オス35〜45mm　メス30〜40mm
- 生息地：メキシコ、グアテマラ、サンサルバドル。ごく近縁の種がコスタリカからボリビアに分布する。

闘いを好まずに装飾に

頭に長い角が1本、胸に短い角が4本ある。5本も角があるから闘争心も強そうに見えるが、実はおとなしいカブトムシだ。2匹を向かい合わすだけではほとんど闘わない。背の高い竹林に住み、自分で竹の新芽に傷をつけて樹液を吸うようなので、他の個体と出くわすことが少ないのかもしれない。それでもからだを叩いたりしてすこし興奮させると、押し合ったり、角が絡むと相手を持ち上げたりするが、激しい闘いは見ていない。角が発達しすぎると、角は武器という位置づけから離れて、装飾的になるのかもしれない。

ゴホンヅノカブト
Eupatorus gracilicornis

- 体　長：角を含めた全長オス45〜85mm　メス40〜60mm
- 生息地：インド、インドシナ半島、マレー半島の高地

サンボンヅノカブト
Beckius beccarii

- 体　　長：角を含めた全長オス45〜70mm　メス40〜50mm
- 生息地：ニューギニア島

ゴホンヅノカブトによく似たカブトムシだ。前に伸びた2本の胸の角、まっすぐに上を向いた頭の角は、武器になりそうに思うが、頭の角が長く、胸の角が短いため、コーカサスオオカブトのように相手を角ではさんで締めつけることができない。胸の角で突進すれば良さそうだが、今度は長い頭の角が邪魔をして、相手まで届かない。戦法を見ようと向き合わせるのだが、押し合いをしているだけで激しい闘いは見られなかった。

ゾウカブト
Megasoma elephas

- 体　長：角を含めた全長オス 50〜130mm
  　　　　　メス 55〜80mm
- 生息地：メキシコ〜コロンビア

おとなしいカブト

重量級のカブトムシで、世界一体重が重い。ぼくが出会った最大個体は体長130mm、体重は56gだった。頭に長い1本の角があり、日本のカブトムシのように角を振り上げて、相手を投げ飛ばすかと思ったが、この角は日本のカブトのようにおおきく上に動かすことができないようだ。脚がしっかりしていて重いのでどっしりと構えていても、ヘラクレスオオカブトの大型個体をのぞけば投げられてしまうことはない。そのためか、角を前に出して低く構え、動かないのが戦法だ。だから大きくて重いものが強いということになる。

アクテオンゾウカブト
Megasoma actaeon
- 体　長：角を含めた全長オス50〜130mm
　　　　　メス50〜80mm
- 生息地：南米中北部

マルスゾウカブト
Megasoma mars
- 体　長：角を含めた全長オス65〜125mm
　　　　　メス60〜80mm
- 生息地：アマゾン川流域

いかにも強そうだが

南米の低地に住むマルスゾウカブトは、長い脚と黒光りする体がいかにも強そうに見える。闘いを好まないゾウカブトムシ属の中では闘争心が強い方だ。とはいっても専守防衛的な闘いである。長い頭の角を前に倒して相手を牽制する。脚も長いので、小型の個体は大型の個体に近づくこともできない。右から来れば右を向き、左から来れば左を向くだけで十分だ。だから大きな個体が圧倒的に有利だ。

立派な角は何のため

サイカブトの仲間の中では立派な角を持った種だ。サイカブトの仲間は樹上性ではなく、木に登ることは少ないから、脚は短く、木登りに適していない。サイカブトの仲間の中では闘う種だが、押し合いをするだけだからあまり迫力はない。角の形も相手をはさんだり投げたりするのには適していないように見える。

オオツノメンガタカブト
Trichogomphus lunicollis

- 体　長：角を含めた全長オス 40〜65mm
　　　　　メス 40〜45mm
- 生息地：マレー半島、スマトラ島、ボルネオ島

角で押し合う

サイカブトの仲間ではアジアで最も大きい。胸が盾のようになっていて、相手の攻撃をうまくかわせそうに見える。ただ頭の角はそれほど下向きにすることができないようで、闘いはぶつかり合い、押し合うだけで、相手を投げることはできない。幼虫が木の根を食べるようでヤシ畑などでは嫌われ者だ。

オオサイカブト
Oryctes gnu

- 体　長：角を含めた全長オス50〜65mm　メス50〜60mm
- 生息地：マレー半島、ジャワ島、スマトラ島、ボルネオ島、スラウェシ島

オスとメスで性差がない

コカブトはカブトムシの仲間だ。カブトムシ類はオスにだけ角があるものが多く、オスメスで著しく形態が異なるものが多いが、コカブトは雌雄同型で、オスメスともに頭にほんの小さな角がある。夜行性で木のうろや落ち葉の下に隠れている。主な食べ物は虫の死骸などという変わった食性を持つ。

コカブト

Eophileurus chinensis

- ●体　長：18〜26mm
- ●生息地：日本、台湾、朝鮮半島、中国

ゴライアスオオツノコガネを持つコンゴの少年。

コガネムシ

　ここではコガネムシ科の中で、カブトムシ亜科を除くグループを取り上げた。コガネムシの仲間は美しいものが多いのが特徴で、ハナムグリ類などの中には昼間活動するものも多く、昼間活動するものに美しいものが多いのも興味深い。

オオセンチコガネ
Phelotrupes auratus
- 体　長：13〜22mm
- 生息地：日本、朝鮮半島、中国、サハリン

アフリカ的模様

ゴライアスオオツノハナムグリの仲間は胸にシマウマみたいに白と黒の縞模様がある。縞模様は同じアフリカに住むオカピ、アンテロープなどの動物にも見られる。アフリカで生きていくために，縞模様は有利なのだろうか？ シマウマは遠くからでもよく目立つ。森林の中で生活していれば，縞模様は隠蔽色になるかもしれないけれど、サバンナで生きていくのに縞模様である必要はないだろう。縞模様を持っていても，生きていくのに絶対的な不利がなければ、縞模様はおしゃれである。よく目立つから強そうにも見えるかもしれない。実際アフリカのお面などにも縞模様は多用される。ゴライアスオオツノハナムグリと、シマウマを比べたら、ゴライアスの方が古くからいただろうから、シマウマがゴライアスの真似をした、などとはとても考えられない。アフリカには縞模様を作る何かが存在しているのかもしれない。

ゴライアスオオツノハナムグリ
Goliathus goliathus

- 体　長：60〜110mm
- 生息地：アフリカ中央部に広く分布(コンゴ、ウガンダ、ケニア、タンザニア、ナイジェリア・カメルーン、ガボン)

ゴライアスオオツノハナムグリはムチと呼ばれる木に集まるという。

ゴライアスオオツノハナムグリ
Goliathus goliathus conspersus
*conspersus*と呼ばれる型で、翅に白い斑入りの模様が出る。

基本的な模様はゴライアスと同じだが、ゴライアスの胸の地色が黒に対し、こちらは黄褐色、白の縞が黒に変わる。けれど、縞模様という点では同じで、甲虫では、このように基本の模様が同じで、色が変わる例は多い。前翅に大きな黒モンがあるのが特徴。

カタモンオオツノハナムグリ
Goliathus casicus
- 体　長：60〜100mm
- 生息地：コートジボアール

アフリカ南部に分布する一番小さいゴライアスオオツノハナムグリの仲間。

サザナミオオツノハナムグリ
Goliathus albosignatus
- 体　長：40〜70mm
- 生息地：タンザニア〜南アフリカ

シラフオオツノハナムグリ
Goliathus orientalis

- 体　長：55〜108mm
- 生息地：アフリカ中央部

シラフオオツノハナムグリはゴライアスオオツノハナムグリに非常に近い。ゴライアスオオツノハナムグリの*conspersus*型など、同種にも見える。

最高の飛行家

カナブンの仲間は最高の飛行家である。多くの甲虫は前翅を拡げ,後翅を羽ばたいて飛ぶ。前翅が飛行機の翼の役目をして、後翅がプロペラのように推進機となる。ところがカナブンの仲間は、前翅を拡げず、後翅だけを羽ばたいて飛ぶ。ハエなどの双翅目の昆虫のように2枚の翅だけを使うのだ。エネルギー消費量は大きくなるが、空気抵抗が少なくなり、非常に高速で飛ぶことができ、空中停止飛行も上手だ。花や樹液などに的確に上手に着地することができる。昆虫は4枚の翅を持っているが、2枚の翅だけを使う昆虫の方が飛び方が上手なのだ。

アオカナブン
Rhomborrhina unicolor

- 体　長：22～27mm
- 生息地：北海道～九州

アオカナブンの飛翔
後翅は非常に大きく、高速で羽ばたいて飛翔する。
昼間活動し樹液に集まる

頭部のヘラ

樹液に集まるカナブンの仲間は頭部の先端がヘラのような形をしている。これは樹皮の間からしみ出す樹液をなめるのに好適だ。このヘラのような頭部を、樹液の出ている場所に差し込み、潜り込むようにして樹液をなめる。

カナブン
Pseudotorynorrhina japonica

- 体　長：22〜30mm
- 生息地：本州〜九州

色彩は緑色がかったものから赤みを帯びたものまで変異に富む。

シロテンハナムグリ
Protaetia orientalis

- 体　長：20〜27mm
- 生息地：北海道〜九州

クヌギの樹液にたくさんのシロテンハナムグリとシラホシハナムグリが集まっている。ハナムグリと名が付いていても大型の種は花より、樹液に多く集まる。

角のあるハナムグリ

カブトハナムグリ
Theodosia viridiaurata
● 体　長：25〜56mm
● 生息地：ボルネオ

ハナムグリの仲間は頭がヘラのような形のものが多い。それは花に潜り込んだり、樹液の出る木の割れ目に差し込むのに都合がよいからだ。闘いにも用いられ、カナブンなどは頭で押し合い、相手の下にこのヘラのような頭を差し入れた方が、相手を投げ飛ばしたりすることもある。
ゴライアスオオツノハナムグリのように頭の先に小さな角を持つものもいるが、カブトハナムグリの仲間は頭と胸に長い角を持ち、これで相手を投げ飛ばすのである。

ヘラクレスオオカブトのような長い角を持つハナムグリ。木の花に集まる。長い脚は細い枝先を歩くのに都合がよい。

クワガタのような
コガネムシ

クワガタコガネの仲間はインドシナ半島からインドネシアにかけて分布している。オスは頭に大きな2本の突起がある。これはカブトムシの角とは異なり、クワガタムシのように大顎の変化したものだ。動かすことができ、クワガタのようにはさむこともあるが、力は弱く、はさまれても痛くない。喧嘩の時はこの大顎で押し合い、下からすくって投げることもある。

クロスジオオクワガタコガネ
Fruhstorferia nigromuliebris
- 体　長：25〜30mm
- 生息地：ボルネオ

キンイロコガネの仲間は金色やプラチナ色に輝きたいへん美しい。まるで翅が金やプラチナでできているかのように見える。すり潰したら本物の金やプラチナが取れるかもしれないと思う人も多いだろう。けれど、翅をすり潰しても茶色味を帯びたグレーの粉が残るだけである。翅にはほとんど色素がないのである。どうしてこんなに美しい色が出るかと言えば、それは構造色といって、翅の構造で、屈折や回折という現象で光を反射しているからだ。キンイロコガネの翅はほぼ全ての可視光を反射するので、こんなに明るく美しい色彩を生ずるのだ。写真を撮る時にはこれが困ったことになる。ストロボを使うと、その光は直線的に翅に当たるが、この美しい色彩が消えて、ただの茶色のコガネムシになってしまうのだ。

幻の色

アルゲンテオラキンイロコガネ

Plusiotis argenteola

- 体　長：25〜30mm
- 生息地：エクアドル、コロンビア

色が違うだけ

ドウガネブイブイはキンイロコガネと形がよく似たコガネムシだ。ドウガネブイブイが金色に輝いたらさぞかし美しいと思うが、残念ながら銅色である。ドウガネブイブイの翅も構造色をあらわす構造を持っているが、キンイロコガネのように幅広い色の光を反射しないので、鈍い銅色しか現れない。

ドウガネブイブイ
Anomala cuprea
- 体　長：17〜25mm
- 生息地：北海道〜九州、中国、朝鮮半島

彫刻と鏡面仕上げ

コガネムシの仲間は上翅の表面がつやつやしたものと、細かい点刻が深く刻まれたものとがある。キンスジコガネは輝きは鈍いが、拡大してみると精巧な点刻が刻まれ表面構造が美しいコガネムシだ。一方ツヤコガネの上翅はよく磨きがかかっていてつやつやしている。けれど拡大してみると細かい点刻はまだ残っている。あまり磨き込まれていない鏡面構造だ。

キンスジコガネ
Mimela holosericea
- 体　長：16〜22mm
- 生息地：北海道〜九州、沿海州

標高の高い山地のカラマツ林など、針葉樹の林に生息し、夕暮れ時に飛翔する。お腹は毛深く、いかにも寒冷な地域に住むコガネムシといった雰囲気を持つ。昆虫でも寒冷地のものは毛深く、暖かな地域のものは毛が少ない傾向がある。体温を逃さないための工夫であろう。

ツヤコガネ
Anomala lucens
- 体　長：14〜18mm
- 生息地：北海道〜九州

小型だが、とても輝きが強い種類だ。初夏から夏に広葉樹の林に生息し、灯りにもよく飛んでくる。

アシナガミドリツヤコガネ
Chrysophora chrysoclora
- 体　長：30〜35mm
- 生息地：ペルー、エクアドル

アシナガミドリツヤコガネの翅は、細かい点刻がたくさんあり、拡大してみるとたいへん美しいものである。彫金職人が腕によりをかけて彫り上げたように見える。同じコガネムシでつるつるのものがいたり、アシナガミドリツヤコガネのように彫りが深いものがいたりするのはどうしてなのだろうか。

マレーテナガコガネ
Cheirotonus peracanus
● 体　長：50〜70mm
● 生息地：マレー半島高地

長い手は何のため

テナガコガネの仲間のオスの前脚はとても長い。長い脚は歩くのに邪魔になるのではと思ったが、細い枝を器用に歩く。一般に前脚が長い甲虫は細い枝を歩くのが得意である。けれど、それだけのために、オスの前脚だけが長くなる理由はないだろう。
オスとメスを一緒にすると、オスがメスを抱え込むようにする。他のオスにとられないためにこれは有効だろう。オス同士を向き合わせると、前脚を振り回すが、思ったほど激しい闘争をしない。もっともこれは捕らえたテナガコガネを、昼間に向かい合わせた結果だから、メスをオスに与えて、他のオスを近くに置くなどの実験をしないと分からない。

セラムドウナガテナガコガネ
(クモテナガコガネ)

Euchirus longimanus

- 体　長：43〜85mm
- 生息地：アンボン島、セラム島、スラウェシ島(インドネシア)

インドネシアの東部の島に住むテナガコガネ。ウォーレスの『マレー諸島』にも登場し、砂糖ヤシの樹液を採るために仕掛ける筒の中に、このテナガコガネが入るということだ。ずいぶん昔にアンボンでその真偽を確かめようと取材をした。シーズンが悪かったのか実際には見ることができなかったが、採集人の話では砂糖ヤシで得られるという。

美しい必要はあるのか

南米に住む動物の糞に集まるニジダイコクコガネやツヤダイコクコガネの仲間はたいへん美しい金緑色に輝くものが多い。光の当たり方で、色が変わる構造の持ち主だ。糞に来るコガネムシは黒いものが多い。ダイコクコガネの仲間は日本では夜行性で、昼間に活動しているところはほとんど見ない。南米のダイコクコガネも夜行性だと思っていたが、昼間の暑い時間に活動する。しかも日当たりの良い場所に飛来する。

ジャングルの中で用を足したら、10分も経たないうちにミドリツヤダイコクコガネが飛来した。強い日の光を跳ね返しぎらぎらと輝いていた。体温調節にも役立つだろうし、仲間同士のコミュニケーションにも役立ちそうだ。そういえば日本の糞虫ではオオセンチコガネが群を抜いて美しく輝くが、オオセンチコガネもまた昼間に活動する糞虫だ。昼間活動する糞虫は美しいのだろうか。

ミイロツノニジダイコクコガネ
Phanaeus vindex
- 体　長：11〜22mm
- 生息地：北米

ランシフェールニジイロダイコクコガネ
Coprophanaeus lancifer
- 体　長：40〜50mm
- 生息地：南米北部

ダイコクコガネの仲間だが、腐肉を好む。シデムシのような存在の甲虫だ。

ミドリツヤダイコクコガネ
Oxysternon conspicillatum
- 体　長：16〜30mm
- 生息地：中米〜南米北部

夜行性

夜行性のダイコクコガネの仲間は焦げ茶色か黒で地味な色彩だ。灯火に飛来することもあり、夜に糞を求めて飛翔するらしい。美しい色彩とは無縁の甲虫だが、その力強い姿は特筆に値する。

ダイコクコガネの仲間で最も大きいのはオウサマナンバンダイコクコガネ。最大70mmにもなる。体が大きいので、直径20cmもある大きな糞球を作る。ダイコクコガネの仲間なので、糞の下に穴を掘り、糞を引き入れて糞球を作り卵を産む。これだけ大きな糞球を数個作るには、ゾウの糞を利用するしかない。ゾウがいる場所でないとオウサマナンバンダイコクコガネは生きていくことができないのだ。しかも成長に1年ほどもかかるようで、母虫が糞球を守るから、年に数匹しか育たない。強い甲虫だが、将来は危ぶまれる存在だ。ラオスなどでは幼虫が食用にされている。前にたくさんいたという、象を飼っている村を訪れたら、最近は見なくなったという。それは食べてしまえばいなくなってしまうのは当然だ。

セアカナンバンダイコクコガネ
Heliocopris bucephaluss
- 体　長：40〜55mm
- 生息地：インド〜インドネシア

オウサマナンバンダイコクコガネ
Heliocopris dominus
- 体　長：50〜70mm
- 生息地：インド〜マレーシア

ナカボシタマオシコガネ
Scarabaeus semipunctatus

● 体　長：15〜25mm
● 生息地：地中海沿岸の砂丘地帯

良くできた体のつくり

タマオシコガネの体のつくりはとても良くできている。糞を見つけたタマオシコガネは、ブーンという羽音と共に飛来する。カナブン同様に、前翅は開かず後翅だけでとても速く飛び、糞の上まで来るとホバリングして、上手に着地する。糞に大きなヘラ状の頭を差し込んで、糞を切り出し、前脚でたたいて丸くしていく。だから前脚は太く平たいほうがよい。特筆すべきは前脚に跗節がないことだ。一般に甲虫の跗節は細く、先が鉤爪になっている。いわば指のようなものだ。タマオシコガネは逆立ちして糞を転がすには邪魔だったのであろう。それより、重量を支える腕に当たる部分が太くなったのだろう。

セアカフタマタクワガタ（下）vs マンディブラリスフタマタクワガタ（上）。

クワガタムシ

　クワガタムシ科の甲虫のほとんどが大顎が発達して大きい。本来口器の一部である大顎が、摂食のためではなく、闘いの武器として使われる。他の甲虫と比べ頭部が非常に大きく、筋肉がつまっている。大顎の力がとても強いのはそのためだ。大顎の形により、闘い方が異なる点が興味深い。

ミヤマクワガタの大顎の先端。

ノコギリクワガタ
Prosopocoilus inclinatus

- 体　長：オス33〜74mm　メス25〜40mm
- 生息地：北海道〜屋久島、朝鮮半島

※奄美、沖縄にはアマミノコギリクワガタ（*Prosopocoilus dissimilis*）がいる

メスを守るオオアゴ

ノコギリクワガタの大きく湾曲した大顎は、世界のクワガタの中でも洗練された美しさを持つと思う。日本と、その周辺にしか生息しておらず、日本が誇るべきクワガタだろう。大きな大顎は闘いのためのものではあるが、メスの上に覆い被さって、メスを守るのに使われる。樹液をなめるメスを、他のオスにとられないように守っている姿は凛々しい。木をたたくと、その振動を感じて脚を縮め、地上に落下してしまう臆病なところもある。

ヤナギの木の樹液をなめるメスを守っているオスのノコギリクワガタ。交尾しなくてもいつもメスのそばに寄りそう仲むつまじいクワガタだ。

挟むための道具

ミヤマクワガタは日本固有種。鎧のような鰓の張った胸、太い大顎は野武士のような風格。いかにも強そうに見える。樹液やメスを巡ってよく闘う。ノコギリクワガタと違って、触っても木から落ちることはなく、脚を踏ん張り、上半身を持ち上げて威嚇してくる。闘い方は上からはさむことが多いが、下から相手をはさんで締めつけたりもする。大顎の途中にある突起が滑り止めになって力を発揮できる。

ミヤマクワガタ
Lucanus maculifemoratus

- 体　長：オス40〜79mm　メス25〜40mm
- 生息地：北海道〜九州

ミヤマクワガタ同士の闘い
はじめ左の個体が上からつかみかかったが、右の個体がすかさず下からハサミ返し、ぐいぐいと押し込んだ。ミヤマクワガタ同士の闘いはなかなか決着がつかないことも多く、手に汗を握る。

潜り込むための体

オオクワガタや、ヒラタクワガタの属するオオクワガタ属（*Dorcus*）のクワガタは平べったい体つきで、角も湾曲せずに前に伸びている。こういう体型のクワガタの闘いは、相手の下に潜り込み、下から攻める戦法だ。オオクワガタは普段は木のうろに隠れていて、夜にだけ出てくる。樹液の出る樹胴に住み着くと、メスを呼んで中で交尾する。オスが自ら探さなくても、樹液とオスの匂いを頼りにメスも他のオスもやってくる。オスが来ると闘いになる。オオクワガタの住むクヌギの木のところで、早朝に喧嘩に負けて落とされたオスに何回か出会ったことがある。

オオクワガタ
Dorcus hopei

- 体　長：オス22〜77mm　メス21〜48mm
- 生息地：北海道〜九州、朝鮮半島、中国

グランディスオオクワガタ
Dorcus grandis

- 体　長：オス40〜90mm　メス32〜54mm
- 生息地：インド北東部、中国西南部、
　　　　インドシナ半島北部、台湾

アンタエウスオオクワガタ
Dorcus antaeus

- 体　長：オス35〜89mm　メス30〜48mm
- 生息地：インド北東部、中国南部、
　　　　インドシナ半島、マレー半島

アルキデスヒラタクワガタはヒラタクワガタ類の中でも、頭部が幅広く大きい。内部には大顎を動かす筋肉がつまっているから、はさむ力は非常に強く、指をはさまれると穴が開くほどだ。頑丈な外装は、よほどのことがないと傷つかないが、穴が開いてしまった個体を見ることもある。戦法は下からすくい上げたりはさんだりする。

アルキデスヒラタクワガタ
Dorcus alicides

- 体　長：オス 55〜95mm　メス 38〜48mm
- 生息地：スマトラ島

オオヒラタクワガタの闘い（マレーシア）。

日本にも住むヒラタクワガタはアジアに分布が広い。熱帯地域のヒラタクワガタはオオヒラタクワガタと呼ばれ、巨大になる。特にフィリピンのパラワン島のものはパラワンオオヒラタクワガタと呼ばれ、大顎が長く特に巨大になる。スマトラ島のものはスマトラオオヒラタクワガタと呼ばれ、大型で力が強い。

ヒラタクワガタ
Dorcus titanus

- 体　長：オス23〜111mm　メス21〜54mm
- 生息地：アジア全域

スペクタビリスツヤクワガタの闘い。

上から掴む

スペクタビリス
ツヤクワガタ
Odontolabis spectabilis

- 体　長：オス43〜73mm　メス30〜40mm
- 生息地：スマトラ島

分布の広いフェモラリスツヤクワガタと違い、スマトラの標高の高い地域に住む。

フェモラリスツヤクワガタ
（アカアシツヤクワガタ）
Odontolabis femoralis

- 体　長：オス50〜95mm　メス30〜45mm
- 生息地：マレー半島、ボルネオ島、パラワン島

フェモラリスツヤクワガタは腹と脚が赤い。それでアカアシツヤクワガタとも呼ばれる。クワガタの大顎の小さい短歯型は一般に体も小さくなるが、フェモラリスツヤクワガタでは短歯型も体が大きい。大顎の長い個体は立ち上がって、相手を上からはさんで持ち上げる戦法をとる。脚が長く非常に強いのもこのクワガタの特徴だ。短歯型はまったく違う闘い方をする。体を低く構え、相手の脚を攻撃する。ペンチのような形の大顎の力は強く、相手の脚を切ってしまうほどだ。

大顎が小さいが体は長歯型より大きなフェモラリスツヤクワガタ。オオクワガタの仲間やヒラタクワガタと闘わせたが、すべて相手の脚を切ってしまった。見ていて怖いぐらいだった。

ブルマイスターツヤクワガタ
Odontolabis burmeisteri

- 体　長：オス57〜109mm　メス38〜58mm
- 生息地：インド南部

釘抜き

ガゼラツヤクワガタはすべてが短歯型で、大顎は釘抜きのような形をしている。このため以前はクギヌキクワガタと呼ばれていた。ツヤクワガタ類の多くは長歯型と短歯型を持ち、短歯型の大顎は釘抜きやペンチのような形をしているものが多い。他のクワガタでは短歯型は弱いが、ツヤクワガタ類では短歯型の方が破壊力がある。うかつに同じケースで飼育したりすると、別のクワガタの脚を切ってしまったりする。

大顎が小さい個体はペンチのような大顎を持つ。

ゾンメルツヤクワガタ
Odontolabis sommeri

- 体　長：オス 35〜68mm
　　　　　メス 20〜38mm
- 生息地：マレー半島、スマトラ島、ボルネオ島

ガゼラツヤクワガタ
Odontolabis gazella

- 体　長：オス 39〜67mm　メス 35〜45mm
- 生息地：マレー半島、スマトラ島、ボルネオ島、パラワン島

長大な大顎

長大な大顎を持つノコギリクワガタの仲間。長く突きだした大顎は前の方で広くなる。この形は相手をすくい上げて投げ飛ばすのに適している。ギラファノコギリクワガタと他のクワガタを闘わせると、うまくすくい投げが決まれば、オオヒラタクワガタでさえ一瞬で投げ飛ばしてしまう。フタマタクワガタのように脚が強く、揺すぶる作戦のクワガタだと、そうはうまくいかずにとっくみあいになるが、長い大顎のおかげで体をはさまれることは少ない。

ギラファノコギリクワガタ
Prosopocoilus giraffa

- 体　長：オス35～120mm　メス30～55mm
- 生息地：インド北東部、インドシナ半島、マレー半島、インドネシア、フィリピン

パリーフタマタクワガタとの闘い
すくい投げが決まらずに下から懸命に持ち上げようとしているところ。

胴より長い大顎

胴よりも長い大顎を持つエラフスホソアカクワガタは、スマトラの高地にのみ分布している。闘い方は大顎を振り上げたり、おろしたり。この動作で、小型の個体がたいていは逃げてしまう。闘いになることもあるがその場合は、下からすくい投げ、たまにはさんで投げ飛ばす。あまり好戦的なクワガタではなく、日本のノコギリクワガタのように樹液のところでメスを守っている。

エラフスホソアカクワガタ
Cyclommatus elaphus

- 体　長：オス 35～106mm　メス 25～35mm
- 生息地：スマトラ高地

メタリフェルホソアカクワガタ
Cyclommatus metallifer

- 体　長：オス 24〜92mm　メス 20〜28mm
- 生息地：スラウェシ島〜ハルマヘラ島

組んで揺さぶる

フタマタクワガタの仲間は巨大なクワガタだ。大顎の力も強いが脚の力はさらに強い。闘う時はがっぷりとヨツに組んで横に揺さぶりをかける。闘いは延延と10分も続くこともある。ヨツに組むので体力勝負となり小型個体は勝ち目がない。そのことがフタマタクワガタのオスを大きくしてきたのだと思う。

フェモラリスツヤクワガタが上からはさもうとしたら大顎の付け根をパリーフタマタクワガタにがっしりとはさまれてしまった。こうなると、なすすべもない。

パリーフタマタクワガタ

Hexarthrius parryi

- 体　長：オス48〜94mm　メス40〜50mm
- 生息地：インド北東部、インドシナ半島、マレー半島、スマトラ島

カステルナウツヤクワガタと闘うパリーフタマタクワガタ。ガッチリとはさみ込んで相手の動きを封じている。フタマタクワガタとの闘いは、最初の一撃で投げなければ勝てない。

マンディブラリス
フタマタクワガタ

Hexarthrius mandibularis

- 体　長：オス50〜118mm　メス40〜50mm
- 生息地：スマトラ島

ブケットフタマタクワガタ
Hexarthrius buqueti

- 体　長：オス41〜84mm　メス37〜43mm
- 生息地：ジャワ島

地理的変異

オウゴンオニクワガタはジャワ島の特産種。しかしきわめて近いモーレンカンプオウゴンオニクワガタがインドシナ半島からマレー半島、スマトラ島、ボルネオ島にかけて分布している。この2種のオウゴンオニクワガタの分布域はコーカサスオオカブトと重なる。コーカサスオオカブトはボルネオではボ

オウゴンオニクワガタ
(ローゼンベルグオウゴンオニクワガタ)

Allotopus rosenbergi

- 体　長：オス41〜84mm　メス42〜54mm
- 生息地：ジャワ島

ルネオオオカブトになり、ジャワでは種としてはコーカサスだが、一風変わった形態になる。この地域はかつてスンダランドと呼ばれる陸続きの大陸があった場所だ。海水面があがり、島や半島になり、種分化が行われたのだろう。クワガタの形態や、分布からかつての地球の姿をうかがい知るのも楽しいことである。

モーレンカンプ オウゴンオニクワガタ
Allotopus moellenkampi

- 体　長：オス34〜73mm　メス34〜50mm
- 生息地：インドシナ半島南西部、マレー半島、スマトラ島、ボルネオ島

タランドゥスオオツヤクワガタ
（アフリカクロツヤクワガタ）

Mesotopus tarandus

- 体　長：オス 45〜90mm　メス 39〜56mm
- 生息地：アフリカ中西部

威嚇音

タランドゥスオオツヤクワガタはアフリカの熱帯雨林のクワガタだ。アフリカクロツヤクワガタとも呼ばれ、きらきらと輝く漆黒のボディーはいかにも強そうだ。コンゴのジャングルで灯りに飛んできたタランドゥスオオツヤクワガタを捕らえてびっくりした。クワガタが発音するなどとは思っていなかったからだ。大顎を持ち上げ体を震わせると低いブーンという振動音が響いた。

多目的な大顎

80mmを超える個体で大顎の長さが45mm近くある。クワガタの中で大顎が体長に占める割合が最も高い。あまり強くなさそうな体つきだが、よく闘うという。夕方に活発で、オスは体を立てて、大顎を振りかざし相手を威嚇する。後ろ脚で立ち上がって闘う戦法はミヤマクワガタの闘いと似ている。大顎が大きく湾曲しているのはメスをその下に入れ、他のオスにとられないよう守るためにも使われる。

チリクワガタ
（コガシラクワガタ）
Chiasognathus granti

- 体　長：オス33〜84mm　メス25〜37mm
- 生息地：チリ，アルゼンチン

傷つける道具

パプアキンイロクワガタの大きくそり上がった大顎はいったい何のためのものなのだろうか。闘う時にも使うが、喧嘩の道具とは思えない形だ。昔、友人がニューギニア島で、花の咲いたアザミのような植物に多数とまっている写真を撮ってきた。植物の茎を傷つけたり切ったりして、そこから染み出す汁を吸っていたそうだ。そうしてみると、茎を切るのに適した形に見えてくる。飼育されたら確かめてみるとよいだろう。

パプアキンイロクワガタ
Lamprima adolphinae

- 体　　長：オス 23〜56mm　メス 22〜25mm
- 生息地：ニューギニア島

アウラタキンイロクワガタ
Lamprima aurata

●体　長：オス20〜32mm　メス13〜24mm
●生息地：オーストラリア東部〜南部

ニジイロクワガタ
Phalacrognathus muelleri

● 体　長：オス37〜70mm　メス26〜36mm
● 生息地：オーストラリア北東部

光を捉える構造

世界一美しいクワガタと呼ばれるニジイロクワガタ、緑がかったものや赤みを帯びたものがある。ニジイロクワガタを様々な光の条件で見てみると色が変わる。ニジイロクワガタの翅の表面近くは何層もの薄膜構造になっているらしい。光が翅の内部で反射したり、屈折したりして、構造色と呼ばれる幻の色を作り出すのだ。ニジイロクワガタは夕暮れ飛翔性であるようだ。夕方の薄明かりの中で飛んでいる姿を上空から見たらどんな色に見えるのだろうか。

タマムシ・コメツキムシ

　タマムシ科の甲虫は非常に美しい。甲虫では上翅の下に後翅がたたみ込まれている。一般に後翅の先のほうはさらに折りたたまれているものが多い。つまり後翅が上翅より長い。前翅が飛行機の翼で、後翅がプロペラの役割をする。ところがタマムシでは後翅の長さは上翅とほぼ同じである。けれど飛び方は上手で、着地もスムーズだ。羽音が大きいから、後翅の羽ばたく回数が多いと思う。プロペラが小さいのにエンジンが優秀なのであろう。

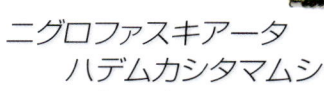

ニグロファスキアータ
ハデムカシタマムシ
Metaxymorpha nigrofasciata

- 体　長：25〜30mm
- 生息地：ニューギニア島

ニシキナンヨウタマムシ
Cyphogastra javanica

- 体　長：25〜30mm
- 生息地：インドネシア

構造色の不思議
(日本のタマムシ)

タマムシはたいへん美しい甲虫だ。見る角度によって微妙に色彩が異なる。翅の表面が多層膜構造をもち、翅の内部で光が干渉したり回折したりして微妙な色彩を作り出す構造色である。光のどの成分を反射するかで緑や赤の色彩を作り出しているのだ。

甲虫の構造色はコレステリック液晶と呼ばれる液晶と同じ仕組みになっているらしい。コレステリック液晶は棒状の分子がいくつも重なる層状の構造をしていて、分子の配列方向がらせん状になるように集積しているそうだ。反射時には、ある特定の波長の光のみを選択的に反射するという性質を持つ。甲虫の美しい色彩が、現代では身近なところにある液晶と似ているのだから、昆虫の構造はすごいものである。

ヤマトタマムシ
Chrysochroa fulgidissima

- 体　長：30～41mm
- 生息地：本州～沖縄

アオタマムシ
Eurythyrea tenuistriata

- 体　長：16〜28mm
- 生息地：本州〜九州

昼間飛ぶから美しい
(アジアのタマムシ)

タマムシは真夏の真っ昼間に活動する甲虫だ。タマムシは美しい前翅を拡げ、後翅を羽ばたいて直線的に飛ぶ。下から見ると腹側しか見えないが、横や上から見るとその美しい前翅の表面が見える。タマムシがこれほど美しいのには理由があるだろう。メタリックに輝く翅は不用意に光を吸収して体温が上がりすぎるのを防いでいるに違いない。タマムシは決まった種類の枯れかけた木に卵を産む。そのような都合の良い木のまわりを飛んでいれば、遠くからでもよく分かるから、産卵場所を見つけたり交尾の相手を見つけたりという、仲間同士のコミュニケーションにも役立っているかもしれない。

ハビロタマムシ
Catoxantha opulenta

- 体　長：45〜60mm
- 生息地：インド〜マレーシア

キオビオオサマムカシタマムシ
Calodema ribbei
- 体　長：40〜43mm
- 生息地：ニューギニア

シラホシフトタマムシ
Sternocera sternicornis
- 体　長：35〜45mm
- 生息地：インド〜インドシナ半島

首を痛めない道具

コメツキムシをひっくり返すと、しばらく脚をもぞもぞさせた後、首を折り曲げた形でじっとする。突然パチッという音がして、コメツキムシは空中へ。必ずしも起き上がれるとは限らないが、脚の短いコメツキムシはひっくりかえされると、跳ねて難を逃れようとする。何十cmも跳ねるので、首がよく痛くならないものだと感心する。頭部の裏に、中胸まで届く長い突起がある。そして中胸の裏側中心に溝があってそこにぴたりとその突起が収まるようになっている。跳ねる前にまず突起の先端をこのくぼみにあてがう。そして、ゆっくりと頭をそらして、一気に力を緩めると、まるでゴムを引っ張って放した時のように、一気に力が加わり空中へ跳ねる仕組みになっている。胸部の筋肉にはレジリンというたんぱく質があって、その筋肉を引き伸ばしてエネルギーを蓄え、一挙に解放してパチンと跳ねる。相当な力が加わるから、この突起と溝がなければ、とめることができずに首を痛めてしまうだろう。コメツキのこの構造は本当によくできていると思う。

ミドリサビコメツキ
Chalcolepidius porcatus

- 体　長：30〜40mm
- 生息地：エクアドル、ペルー、ボリビア

マダガスカルヒトツメコメツキ
Lycoreus regalis

- 体　長：25〜40mm
- 生息地：マダガスカル

マダガスカルの大型コメツキムシが跳ねたところを撮影した。マダガスカルのコメツキムシやタマムシには目玉模様があるものがけっこういる。目玉模様は敵を威嚇する模様だが、この一つ目小僧みたいなコメツキムシの目玉模様も生存に何らかの利益を与えるのだろうか。

ヒカリコメツキ
Pyrophorus sp.

- 体　長：約30mm
- 生息地：中南米

仲間を呼ぶ光

ヒカリコメツキの仲間は中米から南米に広く分布している。成虫幼虫ともに発光をする。他のコメツキムシ同様に幼虫は肉食だ。ブラジルには幼虫が白蟻塚に住み、光る部分のある上半身を乗り出し、その光に集まるシロアリを捕食するすごい種類もいる。ヒカリコメツキの成虫は、ホタルと同じように光でコミュニケーションをするらしい。

写真のヒカリコメツキは胸の上部にある二つの発光器から黄色の光を出し、飛んでいる時はさらに腹側からオレンジ色光を出す。タバコの火に誘引されてヒカリコメツキが飛んできたところを見ると、このオレンジ色の光を出すのはメスで、オスを誘引するためのものかもしれない。

ゾウムシ・オトシブミ・チョッキリ

　ゾウムシは口が長いものが多い。これはゾウムシの産卵習性に拠るものだ。種類により産卵は木の実、植物の茎など様々だが、長い口で穴を開けて産卵する習性がある。オトシブミやチョッキリもゾウムシに非常に近い甲虫で、産卵の時に長い口を使って、穴を開けたり、葉を押し込んだりして幼虫のための揺籃を作るのである。

イタドリの葉を巻いて揺籃を作るドロハマキチョッキリ。

リナストゥスタケゾウムシ
Rhinastus sternicornis
(→p.92)

穴を開けるドリル

口器がついた体の長さほどもある長い突起が頭についている。突起の付いている頭部は丸く、胸部との接合部分は、まるでボールジョイントのようだ。胸部を軸として上下左右に自由に動く継ぎ手である。この口を使って、固いドングリに穴を開けてしまうのだからすごい。まるで錐を動かすように左右にこじるように動かし、穴を開けていく。食事の時も穴を開けるし、産卵時には開けた穴にお尻をつけ、産卵管を差し入れて卵を産み付ける。なんと上手くできた構造なのかと舌を巻く。

コナラシギゾウムシ
Curculio dentipes

- 体　長：10mm
- 生息地：北海道〜九州、朝鮮半島、中国

コナラのドングリの袴の部分に口器をあてがい、錐を動かすような動作をゆっくりと行うと、口器はドングリの中に差し込まれていく。

タイショウオサゾウムシは世界最大のゾウムシだ。大きいだけでなく硬さや力も世界一と思う。前脚が長く、特にオスは長い。闘う時はこの前脚を持ち上げて、相手を掴み締め上げる。オス同士ではなく、クワガタとも闘う。クワガタを闘わせると時には相手に穴をあけてしまうほどの力を発揮する。さすがにコーカサスオオカブトには長い角ではね飛ばされてしまうが、8cmぐらいのクワガタなら相手にならないぐらい強い。

竹の新芽に集まりノコギリのようなぎざぎざのついた頭の突起で傷を付け汁を吸う。

長い脚は、細い竹の先端を自由に歩ける。またカナブン同様に後翅だけで飛びホバリングしながら上手に竹の先端にとまることができる。

タイショウオサゾウムシ
Macrochirus praetor

- 体　長：60〜85mm
- 生息地：マレー半島

闘う?

ミツギリゾウムシの仲間では世界一大きい。ミツギリゾウムシの仲間は細長く、頭部と胸部が長いのが特徴だが、オウサマミツギリゾウムシのオスの頭部は腹部より長いぐらいだ。オスはこの長い頭部をぶつけ合って喧嘩をする。150年以上前に進化論で著名なウォーレスの『マレー諸島』にもこの喧嘩するイラストが描かれている。喧嘩をして強いオスがメスを獲得し、だんだん長くなったという進化論である。

オウサマミツギリゾウムシ
Eutrachelus temmincki

● 体　長：70〜80mm
● 生息地：マレーシア、インドネシア

葉を巻くための脚と闘うための首

オトシブミの仲間はオスが首(頭部)が長く、メスは首が短い種類が多い。オスもメスも口の先はハサミのようになっていて、葉に穴を開けて食べる。オスが首が長いのは喧嘩の道具に使うためだ。メスを巡って闘いは起こる。首をぶつけ合って相手を葉から落とそうとする。オトシブミは幼虫が食べる植物の葉を円筒形に巻き上げて幼虫のための揺籃を作る。まず口で葉を噛み、傷をつけていく。葉脈の中心はかなり深く傷を何カ所もつける。行ったり来たりしながら無造作に葉に傷をつけているように見えるが、実は詳細な設計図が、本能的にできあがっているのだ。傷をつけ終わってしばらくすると、葉を二つ折りにして、下から巻き上げていく。この時にのりも使わないのに、簡単にはほどけない筒が作れるのは、傷をつけた線が、折り紙の折れ線のように最終の形を考えて付けられているからだ。

葉を巻く時は、脚を上手に使う。脚で葉を折るように力を入れ、よく動く頭部で、円筒の蓋の部分に葉を押し込み巻き上げていくのである。

ナミオトシブミ
Apoderus jekelii

- 体　長：8〜10mm
- 生息地：北海道〜九州、朝鮮半島、沿海州

葉を食べるオス。

両側は口も使い、特に念入りに仕上げる。

脚に力を入れてほどけないようにしっかりと巻く。

巻き上げると、筒（揺籃）を切り落とすことが多い。

オトシブミとチョッキリ

チョッキリはオトシブミの仲間だが、オトシブミのような手の込んだ揺籃は作らない。何枚かの葉を束ねて巻く種類が多いが、木の実に穴を開けて中に卵を産み付ける種類もいる。オトシブミでは触角は頭部の先にあるが、チョッキリでは途中にある。チョッキリは触角のある部分より先が長く、木の実に穴を開けるには、オトシブミより便利そうだ。葉を巻く時もオトシブミのように葉に前もって傷をつけることはあまりしない。葉の付け根の葉柄を噛んで、葉を萎らせ、巻きながら長い頭部を使って葉を押し込むように使い、ほどけないように巻いていく。

モモやハナモモ、リンゴなどの若い実に穴を開け産卵する。

モモチョッキリ
Rhynchites heros

- 体　長：7〜10mm
- 生息地：北海道〜九州、朝鮮半島

イタヤハマキチョッキリ
Byctiscus venustus

- 体　長：5〜7mm
- 生息地：北海道〜九州、朝鮮半島、沿海州

クマツヅラフジの実に
穴を開け産卵する。

クチナガチョッキリ
Involvulus plumbeus
- 体　長：4〜5mm
- 生息地：本州〜九州

サメハダチョッキリ
Byctiscus rugosus
- 体　長：5〜7mm
- 生息地：北海道、本州、朝鮮半島、沿海州

ポプラやドロノキの葉を巻く。

カエデの仲間の葉を巻く、イタヤハマキチョッキリ。

ドロハマキチョッキリ
Byctiscus puberulus
- 体　長：5〜7mm
- 生息地：北海道〜九州

イタドリの葉を巻く。

死んだ真似

甲虫の仲間、特に小型のものは触ると死んだ真似をして動かなくなるものが多い。枝などにとまっていても驚くと脚を縮めて地面に落ちてしまう。小さな甲虫はこうして難を逃れる。大型の甲虫で死んだ真似をするのはクワガタの仲間ぐらいだろう。小型のものほど死んだ真似は生存に有利なのだろう。死んだ真似を一番よくするのがゾウムシの仲間だ。アシナガオニゾウムシなど、30分ぐらいもそのまま死んだふりをしていたぐらいだ。

アシナガオニゾウムシ
Gasterocercus longipes

- 体　長：9〜12mm
- 生息地：本州、四国、九州

死んだ真似をするアシナガオニゾウムシ
ゾウムシの体はゴツゴツしていて、拡大してみると怪獣のようでもある。体は鱗片で覆われていることが分かる。

針も通さない鎧

ゾウムシは体がとても硬い。子どもの頃にゾウムシを標本にするために針を刺そうとしたら刺さらない。太めの針を小さなハンマーで打ち込んだ想い出がある。特に硬いのはオオゾウムシが属するオサゾウムシ科のゾウムシだろう。

オオゾウムシ
Sipalinus gigas

- 体　長：12〜29mm
- 生息地：日本〜インドシナ半島

マダラアシゾウムシ
Ectatorhinus adamsii

- 体　長：14〜18mm
- 生息地：本州〜九州、朝鮮半島

ゾウムシの体はともかく硬い。オサゾウムシ科以外でもほとんどのゾウムシが他の甲虫より固い鎧を身につけていると考えてよいだろう。硬いことは、捕食者に食べられにくいという利点があるが、頭、胸、腹などの接合部の腹側は柔らかい。その部分が柔らかくなければ自由に動き回れないからだ。そこを狙って針を打ち込むゾウムシ専門のカリウドバチがいる。

リナストゥスタケゾウムシ
Rhinastus sternicornis

- 体　長：18〜37mm
- 生息地：ブラジル、ペルー、アルゼンチン

南米に分布する大型のゾウムシ。竹の新芽に卵を産み付けるという。

キボシアシナガゾウムシ
Alcidodes leucospilus

- 体　長：15〜20mm
- 生息地：フィリピン

長い脚は何のため

テナガオサゾウムシは前脚が極端に長いゾウムシだ。前脚の長さは体長の倍以上もある。こんなに長い脚を何のために使うのかは分かっていない。大変珍しいゾウムシで、その生態をちゃんと観察した人はいないと思う。前脚の長い甲虫はたいていは、その足を振り回して喧嘩をする。クモゾウムシの仲間はオスの前脚が長いものが多く、メスをガードするのに役立てている。

テナガオサゾウムシ
Mahakamia kampmeinerti
- 体　長：50mm
- 生息地：マレーシア

テナガクモゾウムシ
Mecopus sp.

- 体　長：15mm
- 生息地：マレーシア

メスが産卵のために枯れ木に穴を開けている上に覆い被さり、他のオスにとられないようにガードしている。

装飾的な鎧

甲虫というよりまるで作り物のおもちゃみたいだ。このような装飾的な鎧が何のために生じたかは不明である。こんなに目立って、鳥に食べられないのか不思議であったが、実際に触ってみて、その硬さにびっくりした。これではよほどこの甲虫を食べるのに特化した鳥がいなければ、嘴を傷めてしまうのではないかと思う。一度しか出会ったことはないが、堂々としていて、おとなしい甲虫である。触っても死んだ真似もせず、そのままとまっていた。危険はないと思い込んでいるようだ。この美しさは先に述べた構造色に由来するものだという。美しい色を出しているのは鱗片で、その一つ一つが産業界で注目されるフォトニック結晶のようなものだという。

ホウセキゾウムシ
Eupholus magnificus

- 体　長：24〜28mm
- 生息地：ニューギニア島

ショーエンヘルホウセキゾウムシ

Eupholus schoenherri

● 体　長：25〜31mm
● 生息地：ニューギニア島

葉を食べる口

ゾウムシの仲間は葉を食べる種類が多い。前のページのホウセキゾウムシの口とヒメシロコブゾウムシの口の形はよく似ている。両方ともに、葉を食べるのに都合が良くできている。大顎も葉っぱを引き寄せて櫛のような口器で葉をつぶしながら食べるのだ。ゾウムシの特徴の長い口を持つのをやめたヒメシロコブゾウムシは産卵のための穴を開けることはしない。卵は地面に産み落とすのである。口の短いゾウムシの産卵習性は卵のばらまき型だ。

ヒメシロコブゾウムシ
Dermatoxenus caesicollis

- 体　　長：11～15mm
- 生息地：本州～沖縄

オオキバウスバカミキリを持つブラジルの少年。

ハムシ・カミキリムシ

　ハムシとカミキリムシ、形態的にはずいぶんちがって見えるが、近い仲間である。ハムシは色が派手なものが多い。これはハムシが体内に毒を持つものが多いことに起因していると思う。派手で目立っても困ることはないのだ。カミキリムシは触角が長いのが特徴。夜行性のものは色が地味で、昼行性のものは綺麗なものも多い。夜行性のものに触角が長いものが多いのは、視覚より臭覚が重要だからだろう。それにしてもシロスジカミキリの目が大きいのはどうしてだろうか。

モモブトルリハムシ
Sagra femorata
(→p.101)

脚が武器

後脚が太くて、今にも飛び跳ねそうに見える。英名ではフロッグビートル（カエル甲虫）と呼ばれる。けれどジャンプすることはない。この太い脚は身を守る武器だ。不用意に指でつまむとこの太い脚ではさまれてしまう。脚には大きな棘があって、はさまれるとたいへん痛く、血が出ることすらある。

モモブトオオルリハムシ
Sagra buqueti

- 体　長：20〜30mm
- 生息地：マレーシア

ジャングルの中のマメ科植物に生息する。

モモブトオオルリハムシの後脚。はさまれるととても痛い。

モモブトルリハムシ
Sagra femorata

- 体　長：20〜25mm
- 生息地：インドシナ半島、マレーシア、インドネシア

緑、青、赤の3色がある。近年、日本でも外来種として見つかっている。マメ科の植物を食べる。

色と形

ハムシの仲間はカメノコハムシの仲間を除けば、平凡な形をしている。けれど、色彩はとても美しいものが多い。ハムシは毒を有する甲虫で、捕食者に襲われることが少ないから美しくなれたのである。毒あるものは美しいというのは、昆虫の世界では普通のことだ。敵の多い昆虫は、できるだけ目立たないようにして身を守っているからだ。

アカガネサルハムシ
Acrothinium gaschkevitchii

- 体　長：6〜8mm
- 生息地：日本、台湾

キンイロカメノコハムシ
Aspidomorpha sanctaecrucis

- 体　長：10mm
- 生息地：マレーシア、インドネシア

カメノコハムシとかジンガサハムシと呼ばれるハムシは前翅が大きく、腹部も脚もその下に完全に隠されてしまう。アリなどの外敵が来ても、体を葉にぴたりと付けることで、脚を引っ張られることはない。美しい金属光沢は生きている時だけのもので、死ぬと茶色になってしまう。この色彩は構造色で、湿気があるとピンクがかった金色になる。

メスをにがさない囲い

テナガカミキリのオスの前脚は体長の倍以上ある。求愛シーンを見ると、メスの上に乗り、前脚を拡げると、メスの脚は完全にオスの手の内に収まってしまう。この後、徐々に前に出たオスはメスの背中を舐めるような仕草をする。甲虫ではよくあることだ。交尾が可能なメスなら、後はオスがなすままになる。他のオスがやってくると、横に拡げた前脚はガードになると思うが、確認できていない。気の毒なのは交尾をする気のないメスだ。オスから逃れるのが一苦労である。

テナガカミキリ
Acroinus longimanus

- 体　長：60〜80mm
- 生息地：南米

上に乗っているオスが前脚を開いて、メスをすっぽりと囲っている。

105

穴開け道具

カミキリムシはオスもメスも鋭い大顎を持つものが多い。特にシロスジカミキリの仲間の大顎は鋭い。嚙まれると皮膚が切れてしまう。シロスジカミキリは肉食でないのに、何でこんなに鋭い大顎が必要かと言えば、まずは羽化する時に必要になる。シロスジカミキリの仲間の幼虫は生きた木の内部を食べて、木の中で蛹になる。蛹の入っているところは外からではまったく見えない深い場所だ。羽化したカミキリムシは、長い間木の中に作った蛹室に留まっている。やがて木から脱出する準備ができると、この大顎を使って脱出口を掘っていくのだ。木に耳を当てると木を削る音がする。いよいよ顔が見えてからも、脱出するまでに2時間ぐらいはかかる。体を回しながら木を削っていく力業だ。メスは成虫になってからも大顎を使う。産卵するために木の表皮を削るためである。

シロスジカミキリ
Batocera lineolata

- 体　長：44〜57mm
- 生息地：本州以南、朝鮮半島、中国、台湾、インドシナ半島

昆虫は飛ぶ時に脚をたたむものが多いが、カミキリムシは6本の脚を大きく広げて、バランスをとりながら飛ぶ。横から見ると体を60度ぐらいに立てた格好で飛んでいる。

長いオスの触角

カミキリムシは一般にオスの触角がメスより長い。ウォーレスシロスジカミキリのオスは世界一長い触角を持っている。最も長い個体は触角が23cmもあるとされる。体長の約3倍の長さである。触角は匂いをかぐ感覚器官であり、まわりの様子を探る知覚器官でもある。オスの触角が長いのははメスの出す匂いを感知するためであろう。

ウォーレスシロスジカミキリ
（ウォーレスヒゲナガカミキリ）

Batocera wallacei

- 体　長：60〜80mm
- 生息地：ニューギニア島、モルッカ諸島

世界最大のシロスジカミキリの仲間である。

オス

メス

109

ミヤマカミキリ
Massicus raddei

- 体　長：32〜57mm
- 生息地：日本、朝鮮半島、中国東部

武器にもなる大顎

ミヤマカミキリの大顎も鋭い。ミヤマカミキリもクヌギなどの枯れかけた木に幼虫が入るので脱出するのに大顎は重要だ。ミヤマカミキリは攻撃的なカミキリで、樹液に集まった時など、他の昆虫を蹴散らしてしまうこともある。ミヤマカミキリとカブトムシやクワガタを同じケースに入れると、あっという間に脚を切られてしまうから要注意だ。アカアシオオアオカミキリやキマダラカミキリもクヌギの生木を幼虫が食べるが攻撃性はない。

キマダラカミキリ
（キマダラミヤマカミキリ）
Aeolesthes chrysothrix

- 体　長：22〜35mm
- 生息地：本州〜沖縄

アカアシオオアオカミキリ
Chloridolum japonicum

- 体　長：25〜30mm
- 生息地：本州〜九州、朝鮮半島、中国東北部

ゴマダラカミキリ
Anoplophora malasiaca

- 体　長：25〜35mm
- 生息地：日本、朝鮮半島、中国、台湾、インドシナ半島

美しいカミキリムシ

ゴマダラカミキリの仲間は翅がつやつやしてたいへん美しい。ゴマダラカミキリは様々な木に卵を産む、栽培されている柑橘類にもつくから嫌われ者ではある。熱帯アジアのゴマダラカミキリの仲間は日本のものよりさらに美しい。この美しさが何のためであるかは分からない。甲虫の形態や色彩も全て意味があるというわけではないだろう。

ゴマダラカミキリがこちらに向かって飛んでくる姿はユーモラスだ。

ハデオオシラホシカミキリ
Anoplophora sollii

- 体　長：40～50mm
- 生息地：インド～インドシナ半島

ゴマダラカミキリに近い種類。

アモエナハデツヤカミキリ
Anoplophora amoena

- 体　長：30〜40mm
- 生息地：マレーシア、インドネシア

アジアの熱帯地域を中心に分布するハデツヤカミキリの仲間は、日本のゴマダラカミキリと同じグループのカミキリムシだ。ツヤのあるものが多いが、アモエナハデツヤカミキリのように光沢がなく毛深いものもいる。

マレーハデツヤカミキリ
Anoplophora graafi

- 体　長：35〜45mm
- 生息地：マレーシア、インドネシア

エレガンスハデツヤカミキリ
Anoplophora elegans

- 体　長：30〜40mm
- 生息地：インドシナ半島

ルリボシカミキリ
Rosalia bateshi

- 体　長：18〜29mm
- 生息地：北海道〜九州

ケリアシラホシカミキリ
Glenea celia

- 体　長：15mm前後
- 生息地：マレーシア、インドネシア

日本のシラホシカミキリの仲間。

普通に見られるが、誇るべき日本特産の極めて美しいカミキリムシ。

117

クワガタのような大顎

オスの巨大な大顎を見ると、とてもカミキリムシに見えない。気性が激しく、大顎を振りかざして向かってくるのは迫力満点。大顎の力は小枝を切り落とすほどだというから、摑む時も慎重に背後から胸を摑まねばならない。珍しいカミキリムシで、2匹一緒に見たことはないから、定かではないが、恐らく喧嘩の武器としても使うのだと思う。こんな不思議な形のカミキリムシがどうしてできたのかは謎である。

オオキバウスバカミキリ
Macrodontia cervicornis

- 体　長：100〜150mm
- 生息地：南米西北部

オサムシ、テントウムシの仲間など

　この章で取り上げたのは主に肉食の甲虫だ。肉食の甲虫は地上徘徊性のものが多く、オサムシやハンミョウなど脚が発達し、素早く歩くことができるものが多い。テントウムシは小型の可愛らしい甲虫だが、アップにしてみると獰猛な顔つきをしている。腐肉を食べるシデムシや、キノコを食べるオオキノコムシもここで扱うことにした。

ナナホシテントウ
Coccinella septempunctata
(→p.128)

ミミズを食べるアオオサムシ。

肉食の甲虫

肉食の甲虫の代表はオサムシの仲間だ。後翅が退化しているものがほとんどで、飛ぶことはできないが、歩くスピードは速い。地上を徘徊しミミズや地上に落ちたガの幼虫、死にかけた様々な昆虫を食べる。臭覚が発達し、元気なイモムシなどはあまり追わず、傷がついて体液が出たものなどがいると、離れた場所からかなりのスピードでやってくる。オオルリオサムシ、マイマイカブリなどは特にカタツムリを好む。これらの種は首が細く長い。カタツムリの殻の中に首を突っ込んで食べるのに適した形態になっている。

アオオサムシ
Carabus insulicola
- 体　長：22〜33mm
- 生息地：関東地方以北で最も普通に見られるオサムシ。

オオルリオサムシ
Damaster gehinii
- 体　長：25〜35mm
- 生息地：北海道

北海道特産の美しいオサムシ。産地により色の変化がある。

ミミズを捕食するアオオサムシ。

121

シナカブリモドキ
Coptolabrus lafossei

- 体　　長：40〜50mm
- 生息地：中国

イボカブリモドキ
Coptolabrus pustulifer

- 体　　長：40〜45mm
- 生息地：中国

エゾマイマイカブリ
Carabus blaptoides rugipennis

- 体　長：28〜45mm
- 生息地：北海道

マイマイカブリの北海道亜種。胸部が緑色で美しい。

アカヘリエンマゴミムシ
Mouhotia batesi

- 体　長：35〜65mm
- 生息地：インドシナ半島

大きな大顎が特徴の世界最大のゴミムシ。コオロギなどを捕食するという。オサムシと異なり飛ぶことができる。

平たい体

オサムシ科の甲虫である。ジャングルの倒木に生えるサルノコシカケに生息している。体長は100mmもあるのに、横から見れば紙のように薄く、厚さは5mmもない。楽器のギターに似ているというので、英語ではギタービートル、和名はバイオリンムシだ。大きなうちわのように見える部分は前翅である。左右の前翅が合わさる部分に空間がある。不用意に触れると、尻を曲げて、この隙間から毒液を発射する。その液をかけられるとすごく熱い。恐らく、ミイデラゴミムシと同様に過酸化水素とヒドロキノンの2種の物質を体内で生成し、それが混合したときにできるベンゾキノンと水蒸気を勢いよく放出するのであろう。ミイデラゴミムシと比べて遥かに大きいので、その威力は強い。目に入ると失明することがあるとさえ言われる。

バイオリンムシ
Mormolyce phyllodes

- 体　長：60〜100mm
- 生息地：マレーシア、インドネシア

オサムシの仲間だが、肉食ではなくサルノコシカケを食べると考えられている。肉食の昆虫の起源はキノコ食から進化したのかもしれない。

マルクビバイオリンムシ
Mormolyce castelnaudi

- 体　長：50〜70mm
- 生息地：マレーシア、インドネシア

サルノコシカケにぴたりと張り付く
ような姿勢でとまっている。

捕らえる大顎

ハンミョウは非常に大きな大顎を持つ。ハンミョウの食べ物は生きた昆虫だ。ハンミョウはよく飛ぶが、獲物を探すのは地上だ。かなりのスピードで歩き回りアリなどの小型の昆虫を捕らえる。この大きな大顎は獲物を捕らえるためだけに使われるわけではない。オスの大顎は特に大きいが、交尾の時は大顎でメスの前胸の下をはさむ。メスも鋭い大顎を持つから、危険を避けるために発達した行動だろう。

ハンミョウ
Cicindela chinensis

- 体　長：18〜20mm
- 生息地：本州〜沖縄、中国

アマミハンミョウ
Cicindela ferriei

- 体　長：14〜17mm
- 生息地：奄美大島、徳之島

青、緑、赤の系統がある。

コニワハンミョウ
Cicindela transbaicalica

- 体　長：10〜13mm
- 生息地：日本、中国、朝鮮半島、沿海州

ヨツボシルリヒラタシデムシ
Necrophila formosa
- 体　長：12〜15mm
- 生息地：台湾〜熱帯アジア

腐肉食とキノコ食

シデムシの仲間も肉食であるが、生きた昆虫を捕らえて食べることはしない。死出虫と漢字で書くように動物の死体を食べる掃除屋だ。触角は大きく、臭覚は優れているが、動作は緩慢だ。飛んだり、歩いたりして餌を探す。ヒラタシデムシの仲間は動物質以外に、キノコにもよく集まってくる。バイオリンムシ同様にキノコ食と、肉食は案外近い。

オオキノコムシ
Encaustes praenobilis
- 体　長：16〜36mm
- 生息地：北海道〜九州

オオキノコムシはキノコムシの中では日本最大。サルノコシカケに生息する。

星の数

背中にいくつ星がある？ ナナホシテントウは7個、トホシテントウなら10個といったようにテントウムシの名前は星の数が付いているものが多い。けれど、ナミテントウみたいに色々なタイプがあり、星の数も様々という種類もいる。仲間同士では多分、匂いでコミュニケーションをしていて、星の数がいくつだから仲間だな、なんていうことは関係なさそうだ。テントウムシはアブラムシやカイガラムシを捕まえて食べる肉食のものが多いが、トホシテントウのように葉を食べる種類もいる。一般に肉食のものはツヤが良く、草食のものはツヤがない。

ナナホシテントウ
Coccinella septempunctata

- 体　長：5～9mm
- 生息地：日本、ヨーロッパ、北アジア、北アメリカ

アブラムシを捕らえて食べる。複眼の下に見える斧のような形のものは小腮鬚。アブラムシを探すセンサーだ。

ナミテントウ
Harmonia axyridis
- 体　長：5〜8mm
- 生息地：日本、東アジア、ヨーロッパ、北アメリカ

日本や東アジア原産だが、ヨーロッパや北米にも住みついている。色々な模様は遺伝で決まる。

トホシテントウ
Epilachna admirabilis
- 体　長：6〜9mm
- 生息地：日本、アジア

ウリ類の葉を食べる。

ヒメカメノコテントウ
Propylea japonica
- 体　長：3〜5mm
- 生息地：日本

アブラムシを食べる。

カメノコテントウ
Aiolocaria hexaspilota
- 体　長：8〜12mm
- 生息地：日本、台湾、中国〜インド

主にクルミハムシの幼虫を食べる。

シロホシテントウ
Calvia quatuordecimguttata
- 体　長：4〜6mm
- 生息地：日本、ヨーロッパ〜アジア

ウリ類の葉を食べる。

ジュウサンホシテントウ
Hippodamia tredecimpunctata
- 体　長：5〜6mm
- 生息地：日本、ヨーロッパ〜アジア、北米

ジュウロクホシテントウ
Sospita oblongoguttata
- 体　長：7〜8mm
- 生息地：本州、九州、朝鮮半島

アイヌテントウ
Coccinella ainu
- 体　長：5〜6mm
- 生息地：北海道、本州、朝鮮半島、中国

ナナホシテントウそっくりだが星の数11個。

学名索引

A
Acroinus longimanus … 104
Acrothinium gaschkevitchii … 102
Aeolesthes chrysothrix … 111
Aiolocaria hexaspilota … 129
Alcidodes leucospilus … 93
Allotopus moellenkampi … 65
Allotopus rosenbergi … 64
Anomala cuprea … 35
Anomala lucens … 37
Anoplophora amoena … 114
Anoplophora elegans … 115
Anoplophora graafi … 115
Anoplophora malasiaca … 112
Anoplophora sollii … 113
Apoderus jekelii … 84
Aspidomorpha sanctaecrucis … 103

B
Batocera lineolata … 106
Batocera wallacei … 108
Beckius beccarii … 17
Byctiscus puberulus … 87
Byctiscus rugosus … 87
Byctiscus venustus … 86

C
Calodema ribbei … 75
Calvia quatuordecimguttata … 129
Carabus blaptoides rugipennis … 123
Carabus insulicola … 120
Catoxantha opulenta … 74
Chalcolepidius porcatus … 76
Chalcosoma atlas … 9
Chalcosoma chiron … 8
Cheirotonus peracanus … 38
Chiasognathus granti … 67
Chloridolum japonicum … 111
Chrysochroa fulgidissima … 72
Chrysophora chrysoclora … 37
Cicindela chinensis … 126
Cicindela ferriei … 126
Cicindela transbaicalica … 126
Coccinella ainu … 129
Coccinella septempunctata … 119, 128
Coprophanaeus lancifer … 40
Coptolabrus lafossei … 122
Coptolabrus pustulifer … 122
Curculio dentipes … 80
Cyclommatus elaphus … 58
Cyclommatus metallifer … 59
Cyphogastra javanica … 71

D
Damaster gehinii … 120
Dermatoxenus caesicollis … 98
Dorcus alicides … 50
Dorcus antaeus … 49
Dorcus grandis … 49
Dorcus hopei … 48
Dorcus titanus … 51
Dynastes hercules … 13
Dynastes neptunus … 12

E
Ectatorhinus adamsii … 91
Encaustes praenobilis … 127
Eophileurus chinensis … 22
Epilachna admirabilis … 129
Euchirus longimanus … 39
Eupatorus gracilicornis … 16
Eupholus magnificus … 96
Eupholus schoenherri … 97
Eurythyrea tenuistriata … 73
Eutrachelus temmincki … 83

F
Fruhstorferia nigromuliebris … 33

G
Gasterocercus longipes … 88
Glenea celia … 116
Goliathus albosignatus … 26
Goliathus casicus … 26
Goliathus goliathus … 24
Goliathus goliathus conspersus … 25
Goliathus orientalis … 27
Golofa pizarro … 15
Golofa porteri … 14

H
Harmonia axyridis … 129
Heliocopris bucephaluss … 41
Heliocopris dominus … 41
Hexarthrius buqueti … 63
Hexarthrius mandibularis … 62
Hexarthrius parryi … 61
Hippodamia tredecimpunctata … 129

I
Involvulus plumbeus … 87

L
Lamprima adolphinae … 68
Lamprima aurata … 69
Lucanus maculifemoratus … 46
Lycoreus regalis … 77

M
Macrochirus praetor … 82
Macrodontia cervicornis … 118
Mahakamia kampmeinerti … 94
Massicus raddei … 110
Mecopus sp. … 95
Megasoma actaeon … 19
Megasoma elephas … 18
Megasoma mars … 19
Mesotopus tarandus … 66
Metaxymorpha nigrofasciata … 71
Mimela holosericea … 36
Mormolyce castelnaudi … 125
Mormolyce phyllodes … 124
Mouhotia batesi … 123

N
Necrophila formosa … 127

O
Odontolabis burmeisteri … 54
Odontolabis femoralis … 52
Odontolabis gazella … 55
Odontolabis sommeri … 55
Odontolabis spectabilis … 52
Oryctes gnu … 21
Oxysternon conspicillatum … 40

P
Phalacrognathus muelleri … 70
Phanaeus vindex … 40
Phelotrupes auratus … 23
Plusiotis argenteola … 34
Propylea japonica … 129
Prosopocoilus giraffa … 56
Prosopocoilus inclinatus … 44
Protaetia orientalis … 31
Pseudotorynorhina japonica … 30
Pyrophorus sp. … 78

R
Rhinastus sternicornis … 79, 92
Rhomborhina unicolor … 28
Rhynchites heros … 86
Rosalia bateshi … 116

S
Sagra buqueti … 100
Sagra femorata … 99, 101
Scarabaeus semipunctatus … 42
Sipalinus gigas … 90
Sospita oblongoguttata … 129
Sternocera sternicornis … 75

T
Theodosia viridiaurata … 32
Trichogomphus lunicollis … 20
Trypoxylus dichotomus … 6

X
Xylotrupes gideon … 10

種名索引

ア
- アイヌテントウ …… 129
- アウラタキンイロクワガタ …… 69
- アオオサムシ …… 120
- アオカナブン …… 28
- アオタマムシ …… 73
- アカアシオオアオカミキリ …… 111
- アカガネサルハムシ …… 102
- アカヘリエンマゴミムシ …… 123
- アクテオンゾウカブト …… 19
- アシナガオニゾウムシ …… 88
- アシナガミドリツヤコガネ …… 37
- アトラスオオカブト …… 9
- アマミハンミョウ …… 126
- アモエナハデツヤカミキリ …… 114
- アルキデスヒラタクワガタ …… 50
- アルゲンテオラキンイロコガネ …… 34
- アンタエウスオオクワガタ …… 49

イ
- イタヤハマキチョッキリ …… 86
- イボカブリモドキ …… 122

ウ
- ウォーレスシロスジカミキリ
  (ウォーレスヒゲナガカミキリ) …… 108

エ
- エゾマイマイカブリ …… 123
- エラフスホソアカクワガタ …… 58
- エレガンスハデツヤカミキリ …… 115

オ
- オウゴンオニクワガタ
  (ローゼンベルグオウゴンオニクワガタ) …… 64
- オウサマナンバンダイコクコガネ …… 41
- オウサマミツギリゾウムシ …… 83
- オオキノコムシ …… 127
- オオキバウスバカミキリ …… 118
- オオクワガタ …… 48
- オオサイカブト …… 21
- オオセンチコガネ …… 23
- オオゾウムシ …… 90
- オオツノメンガタカブト …… 20
- オオルリオサムシ …… 120

カ
- ガゼラツヤクワガタ …… 55
- カタモンオオツノハナムグリ …… 26
- カナブン …… 30
- カブトハナムグリ …… 32
- カブトムシ …… 6
- カメノコテントウ …… 129

キ
- キオビオオサマムカシタマムシ …… 75
- キボシアシナガゾウムシ …… 93
- キマダラカミキリ
  (キマダラヤマカミキリ) …… 111
- ギラファノコギリクワガタ …… 56
- キンイロカメノコハムシ …… 103
- キンスジコガネ …… 36

ク
- クチナガチョッキリ …… 87
- グランディスオオクワガタ …… 49
- クロスジオオクワガタコガネ …… 33

ケ
- ケリアシラホシカミキリ …… 116

コ
- コーカサスオオカブト …… 8
- コカブト …… 22
- コナラシギゾウムシ …… 80
- コニワハンミョウ …… 126
- ゴホンヅノカブト …… 16
- ゴマダラカミキリ …… 112
- ゴライアスオオツノハナムグリ …… 24, 25

サ
- サザナミオオツノハナムグリ …… 26
- サメハダチョッキリ …… 87
- サンボンヅノカブト …… 17

シ
- シナカブリモドキ …… 122
- ジュウサンホシテントウ …… 129
- ジュウロクホシテントウ …… 129
- ショーエンヘルホウセキゾウムシ …… 97
- シラフオオツノハナムグリ …… 27
- シラホシフタマムシ …… 75
- シロスジカミキリ …… 106
- シロテンハナムグリ …… 31
- シロホシテントウ …… 129

ス
- スペクタビリスツヤクワガタ …… 52

セ
- セアカナンバンダイコクコガネ …… 41
- セラムドウナガテナガコガネ
  (クモテナガコガネ) …… 39

ソ
- ゾウカブト …… 18
- ゾンメルツヤクワガタ …… 55

タ
- タイショウオオサゾウムシ …… 82
- タランドゥスオオツヤクワガタ
  (アフリカクロツヤクワガタ) …… 66

チ
- チリクワガタ(コガシラクワガタ) …… 67

ツ
- ツヤコガネ …… 37

テ
- テナガオオサゾウムシ …… 94
- テナガカミキリ …… 104
- テナガクモゾウムシ …… 95

ト
- ドウガネブイブイ …… 35
- トホテントウ …… 129
- ドロハマキチョッキリ …… 87

ナ
- ナカボシタマオシコガネ …… 42
- ナナホシテントウ …… 119, 128
- ナミオトシブミ …… 84
- ナミテントウ …… 129

ニ
- ニグロファスキアータハデムカシタマムシ …… 71
- ニジイロクワガタ …… 70
- ニシキナンヨウタマムシ …… 71

ネ
- ネプチューンオオカブト …… 12

ノ
- ノコギリクワガタ …… 44
- ノコギリタテヅノカブト …… 14

ハ
- バイオリンムシ …… 124
- ハデオシラホシカミキリ …… 113
- ハビロタマムシ …… 74
- パプアキンイロクワガタ …… 68
- パリーフタマタクワガタ …… 61
- ハンミョウ …… 126

ヒ
- ヒカリコメツキ …… 78
- ピサロタテヅノカブト …… 15
- ヒメカブト …… 10
- ヒメカメノコテントウ …… 129
- ヒメシロコブゾウムシ …… 98
- ヒラタクワガタ …… 51

フ
- フェモラリスツヤクワガタ
  (アカアシツヤクワガタ) …… 52
- ブケットフタマタクワガタ …… 63
- ブルマイスターツヤクワガタ …… 54

ヘ
- ヘラクレスオオカブト …… 13

ホ
- ホウセキゾウムシ …… 96

マ
- マダガスカルヒトツメコメツキ …… 77
- マダラアシゾウムシ …… 91
- マルクビバイオリンムシ …… 125
- マルスゾウカブト …… 19
- マレーテナガコガネ …… 38
- マレーハデツヤカミキリ …… 115
- マンディブラリスフタマタクワガタ …… 62

ミ
- ミイロツノニジダイコクコガネ …… 40
- ミドリサビコメツキ …… 76
- ミドリツヤダイコクコガネ …… 40
- ミヤマカミキリ …… 110
- ミヤマクワガタ …… 46

メ
- メタリフェルホソアカクワガタ …… 59

モ
- モーレンカンプオウゴンオニクワガタ …… 65
- モモチョッキリ …… 86
- モモブトオオルリハムシ …… 100
- モモブトルリハムシ …… 99, 101

ヤ
- ヤマトタマムシ …… 72

ヨ
- ヨツボシルリヒラタシデムシ …… 127

ラ
- ランシフェールニジイロダイコクコガネ …… 40

リ
- リナストゥスタケゾウムシ …… 79, 92

ル
- ルリボシカミキリ …… 116

著者略歴

海野和男（うんのかずお）

1947年東京生まれ。昆虫を中心とする自然写真家。東京農工大学の日高敏隆研究室で昆虫行動学を学ぶ。アジアやアフリカで昆虫の擬態写真を長年撮影。著書『昆虫の擬態』は1994年、日本写真協会年度賞受賞。主な著書に『蝶の飛ぶ風景』『大昆虫記』『昆虫顔面図鑑』、また草思社より『すごい虫の見つけかた』『図鑑　世界で最も美しい蝶は何か』など。日本自然科学写真協会会長、日本昆虫協会理事など。海野和男写真事務所主宰。公式ウエブサイトに「小諸日記」がある。http://eco.goo.ne.jp/nature/unno/

甲虫　カタチ観察図鑑

2013年6月28日　第1刷発行

著　者　海野和男（写真と文）
装丁者　西山克之
発行者　藤田　博
発行所　株式会社　草思社
　　　　http://www.soshisha.com/
　　　　〒160-0022　東京都新宿区新宿5-3-15
　　　　電話　営業 03 (4580) 7676　編集 03 (4580) 7680
　　　　振替　00170-9-23552
印　刷　日経印刷株式会社
製　本　大口製本印刷株式会社

2013©Kazuo Unno
ISBN978-4-7942-1982-4 Printed in Japan　検印省略

●本文デザインDTP　西山克之、小林友利香（ニシ工芸）